动物园里的朋友们

（第一辑）

我是松鼠

［俄］叶·科列涅娃 / 文

［俄］达·茨韦特科娃 / 图

刘昱 / 译

江西美术出版社

全国百佳出版单位

我是谁？

　　我们来认识一下吧，我是一只小松鼠。你笑了？嗯，好吧，笑一笑，身体好。客人来到森林做客时，他们会喊道："看，树枝上有一只小松鼠！"我已经习惯了这些戴着帽子、穿着夹克的家伙们用手指指着我了。

　　我不需要穿外套。我有毛茸茸的皮衣——红褐色。天气转凉时，毛会渐渐变成蓝灰色，更加茂密，暖和极了。

松鼠的尾巴长 11~30 厘米。

30 只胖胖的松鼠的体重加起来会比你重。

　　我和很多小姑娘一样，喜欢展示我的美丽。

　　不算尾巴的长度，我身长30厘米。不知为什么，大家叫我"普通松鼠"。我很谦虚，没有争辩。但告诉你一个小秘密，我的生活原则是：尽快做好一切，不要打扰别人。

我们的居住地

当有人问我："你在哪里出生？现在住在哪里？"我会踮起脚尖，仰起脸，大声回答说："不管是寂静的森林，还是喧嚣的公园，只要有树木生长的地方，就有我的兄弟姐妹。我们也喜欢长途旅行。在整个亚欧大陆，西至大西洋沿岸，东到太平洋沿岸，都能见到我们。"

松鼠约有 **212** 种。

　　"在整个温带和寒温带森林地区都能见到我！"所有的听众惊讶地张大了嘴巴，我压低嗓子，一脸神秘地说："但你永远不会在澳大利亚、极地地区、撒哈拉沙漠、格陵兰群岛、新西兰和马达加斯加找到我们！"我讲完后，大家为我鼓起了掌，好像我完成了一场精彩的表演！

我的亲戚

　　我有 35 种近亲。有些松鼠喜欢在白天醒着，有些松鼠喜欢黄昏时醒着，还有一种松鼠会晚上醒着。有的松鼠十分时尚，他们的毛皮上有白色的斑点，耳朵上有长长的流苏。还有一些黑松鼠，他们通常在寂静的森林里生活。

　　最娇气的是白松鼠，他们的颜色像雪一样洁白，仿佛在说："不要弄脏我的毛！"但我们从没有在一起团聚过，因为我们生活在不同的国家。

在大自然中，松鼠能活
5~10 年。

家养松鼠能活
12 年

我有力的爪子

我还没给你讲讲我的四肢。我有四个爪子。它们太棒了！每一只爪子上都有有力的指甲。

　　我不需要美甲，因为每天我都要磨爪子——爬上树，又从树上下来，抓住树干，倒挂在树上。也许，我天生就是个杂技演员！

　　我听说，有些松鼠住在人们的房子里。他们在笼子里或者在大轮子里跑，人们看得十分高兴。但我却为这些松鼠感到难过。因为，即使有再好的主人，被囚禁的生活也比不上自由的生活。在大轮子里奔跑无法与在树林或公园中奔跑相提并论。如果不运动，我们就会变得无精打采，而且会生病。我永远不会抛弃自己森林里的房子而住在人类舒适的大房子里。俗话说得好："金窝银窝比不上自己的小窝！"

我们的感官

　　有时，我正在道路上奔跑，内心突然有个声音说："转向草坪，那里有很多松果！"我跑到草坪上，找到了被雪掩埋的松果。这就是感觉，它永远不会让我失望。但还需要用大脑思考。我的嗅觉也不错，我能闻到任何藏在地下的坚果。我的视力非常好，甚至还能区分颜色！

松鼠能够闻到埋在地下
1.5米深的松果。

一只全身漆黑、长着灰色的喙的乌鸦飞来了。我给你讲讲他的趣事。一只胖胖的鼹鼠从洞里走出来，吹嘘他的大礼帽。大礼帽从他的头上掉下来，乌鸦抓住礼帽，把礼帽挂在了高高的树枝上！好笑吧！没错，我们应该谦虚。

我爱储藏

我怎么度过饥饿时光呢？我在黑夜里囤积食物，把它们埋在隐蔽的地方。为了方便找到它们，我会轻轻舔舔橡子、蘑菇、核桃、松果，在鼻子下摩擦一会儿，最后把它们藏起来。我可以通过气味找到藏起来的食物。

松鼠可以闻出 45 种蘑菇的气味。

　　如果你没有和我一样敏锐的嗅觉，还想在树林里储藏东西的话，那么我建议你，我的朋友，最好在树枝上系上明亮的丝带。

　　这种小动物不可能这么聪明——如果你认为我在胡说八道、自吹自擂的话，你得仔细想想，为什么不可能呢？谁在地球上生活的时间更长？人类还是松鼠？是松鼠。但你也用不着沮丧。5000万年来，我们一直没有变化。从一根树枝跳到另一根树枝，在树洞里建房子，在海边建宫殿。这是我们几十万个世纪以来为了生存培养出的智慧！

松鼠能跳 **3~4** 米高。

松鼠能从 **5** 层楼高的树上跳下来

却安然无恙。

我灵活的尾巴

　　我还有什么可以夸耀的？我灵活敏捷，从一棵树跳到另一棵树；不管有多高，我都能像撑竿跳世界冠军一样跳下来！我可以从树顶跳下来，而且毫发无伤。跳跃的秘密在于蓬松的尾巴：它能掌握方向，像降落伞一样，帮助我们在空中停留。我还可以从高处跳入水中游泳。给你一个建议：当你教我们松鼠游泳时，要确保我们高高地抬着尾巴。如果尾巴变湿，我们可能会被淹死。我的尾巴不仅美丽，也很实用。在冬天，我蜷缩成一个球，用尾巴盖住自己，进入梦乡。如果你在我做梦时叫醒我，我会愤怒地大叫。曾经还有人邀请我做歌剧演唱家，但我拒绝了——为什么要抢夜莺的饭碗呢？每个人都应做好自己分内的事。

我们的食物

你好奇我吃什么？现在你又要惊讶了……

我只吃未加工的生食，不需要在炉子上把食物煮熟。

肚子饿了的时候，我就去灌木丛或者树上寻找坚果。我还喜欢采蘑菇和浆果——谁不喜欢它们呢？

松鼠的牙齿
一生都在生长。

松鼠一天可以吃 **150** 颗松果。

　　我还可以在地上挖植物的根，摘橡子来吃。最懒的松鼠就在地上捡松果来填饱肚子。

　　有人称我们松鼠是凶猛的小动物，因为我们吃昆虫、小蛇和鸟蛋。我们松鼠中年纪最大的甚至可以吞下小鸟。但我长大后，绝对不会欺负弱小！

松鼠的窝直径大约**30**厘米，
和松鼠的身长差不多。

我们的家

我的房子在树上，那是我的小城堡。我在这里休息，躲避恶劣的天气。在落叶林中，我占了一个空树洞，用草、苔藓和地衣做了一个柔软的垫子。

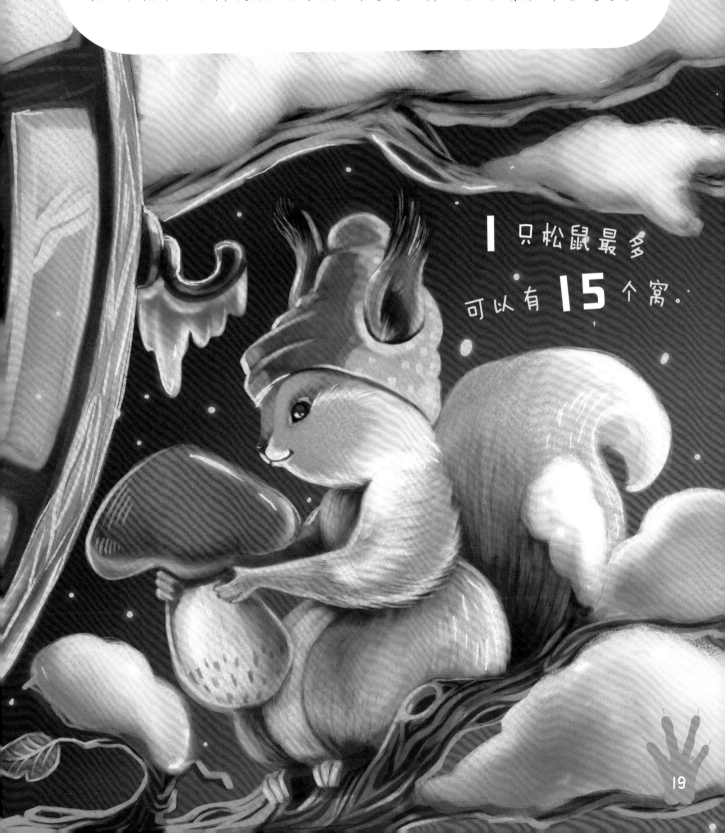

　　我在针叶树的树杈上筑巢。你有自己的巢吗？你知道怎么建吗？首先，我们采集细枝，编一个圆球。然后把苔藓、树叶、草和毛放进去。像这样，巢差不多就建好了，只要再做一到两个出口就可以了。冬天用柔软的地衣把出口封住，巢外严寒，巢内却热得像在沙滩上。如果你不相信我，听听乌鸦怎么说："松鼠有最好的树屋！"这时，我会钻进我的巢里，蜷成一团，用尾巴盖着自己，进入梦乡。

1只松鼠最多可以有15个窝。

我们的家族

　　说到冬天，如果没有婚礼的话，我就不是很喜欢了。冬天过了一半，松鼠先生们便纷纷开始向我们求婚。一共有10个竞争者！他们之间会进行比赛，男孩子们总是喜欢打架。新娘会选择坚持最久、最勇敢的那只松鼠。结婚后，孩子们出生了。我们家里有两只幼崽出生，有的家庭里则出生了8只幼崽。他们的身体小小的、光溜溜的，眼睛什么也看不见！14天后他们才长出了毛。妈妈先给他们喂1个月的奶，然后才喂给他们"成年人"的食物——蘑菇、浆果……父亲们和孩子分开生活，不照顾孩子。松鼠家庭就是这样分工的，而且没有哪只松鼠因此愤愤不平！当我组建了自己的家庭之后，便会和家人们分开。

松鼠一年结 2 次婚。

刚出生的松鼠只有8克，
和2勺糖差不多重。

我们的天敌

　　我们松鼠总会对善意做出回应。人们向我们伸出手，我们会马上跑到他们身边。人们对我们微笑，我们也对他们微笑。

但如果谁带着邪恶的念头靠近我们，那么他们就成了我们的天敌。白鼬、黄鼠狼、猞猁和其他危险的动物会攻击我们。我们的天敌主要有狡猾的貂。冬天，当我们舒服地躺在被窝里时，突然传来噼里啪啦的声音——貂爬进了我们的房子，想打破我们平静的生活。但我们永远不会放弃战斗！我们勇敢敏捷，善于隐藏，可以战胜任何敌人。

等着瞧，看看谁赢了！

松鼠在城市里的敌人是流浪猫。

你知道吗？

根据生活环境不同，松鼠科分为

树松鼠、地松鼠和石松鼠等。

松鼠的种类很多，全世界约有212种，中国有24种。其中生活在树林里的松鼠，在中国东北和华北各地十分常见，因而又叫普通松鼠。它的身体细长，背上的颜色从淡红、棕色、红色到黑色，所以也称红松鼠。

古希腊人称松鼠为 Sciuridae，意思是

"背阴的尾巴"——古希腊人认为，

松鼠的尾巴就像一把小伞，

可以遮挡太阳光。

松鼠尾巴越大，越能得到同类的青睐。尤其是对松鼠先生们来说，它们非常喜欢大尾巴的松鼠女士。

松鼠先生也十分关心自己的尾巴。

在照顾自己的皮毛方面，松鼠先生比松鼠女士更细致，会花费大量的时间和精力在上面。

所有的松鼠都非常爱干净，它们是啮齿动物中最爱干净的，甚至喜欢洗澡。好吧，不算洗澡，只是在小水塘里互相泼水来洗一洗。

如果你决定养松鼠，不要幻想它在家里会像一只训练有素的狗那样听话！

松鼠是一种伶俐、活泼、好动的生物。

如果你让它在房子里闲逛，它会在天花板上窜来窜去，在吊灯上荡秋千，啃电线，挂在窗帘上，翻乱所有抽屉，弄乱你的玩具，甚至翻你的书（并将书弄破）。它们肯定会偷点东西，甚至吃不健康的食物——油炸的、咸的、甜的松鼠都不适宜吃，杏仁对松鼠的健康也有害。

有时，松鼠还会偷一些它们自己完全不需要的东西。英国的一座小城来了一些松鼠，它们把居民的肥皂都叼走了。

为什么松鼠要拿肥皂？那你要问它了。为什么它会把一块奶酪藏在枕头底下，或者把糖块放在父亲的公文包里？为什么要在你的靴子里放一把坚果，在夹克的口袋里放一些种子？它会怎么回答？因为它是一只松鼠，所以它应该储藏食物。你为什么要把脚放到它的仓库里呢？

从家里出来时，检查一下你的口袋，除了种子，还有没有松鼠？有时，它会在自己的仓库里小睡一会儿。

在冬季，松鼠最多吃掉自己储藏食物的1/4。它们储存的其他食物都被忘记了。森林里的许多野兽和鸟类都非常感激松鼠——被遗忘的松鼠库存能帮助它们度过寒冷和饥饿的冬天。

松鼠并不生气。就算你偷偷吃掉它们藏在仓库里的坚果，它们也不生气。但如果它们发现了，就会十分伤心，又抢又夺，把食物重新藏起来。

当你检查、清洁它们的笼子时，松鼠也十分伤心，因为它们在笼子里藏了很多美食！

松鼠喜欢美食。它们想从人类这里获得美味。公园里一些急脾气的松鼠会自己去翻人类的口袋和包。它们已经习惯人类，一点也不害怕人类。但它们不会和人类做朋友：可爱的松鼠对人类不是很亲热，它们不是很需要和我们的友谊。

即使家养松鼠也不喜欢人们把它捧在手上，拥抱或亲吻。

为了抗议，松鼠们挠人和咬人。即使是那些从婴儿时期就被人类饲养的松鼠，也仍然保持着自己的骄傲和独立。好吧，有时松鼠自己会坐在主人的脑袋上或者一点点爬上他的毛衣。就是这样。

松鼠不是最温柔的家养动物，想和
它们做朋友也不必把它们养在家里。

在附近的公园饲养松鼠吧，它们很快就会和你熟络起来。生活在别墅或者村子里祖母房子旁边的松鼠也会很快熟悉你——如果你一直喂它们，它们就会一直生活在你身边，不再害怕你，还会从你手中拿食物。

它们甚至会记得你几点到，
专门来迎接你！

它们就像你的宠物松鼠，但仍然保持野性和独立。真是太棒了！

不过，它们的记性不是很好——如果你离开了很长时间，它们可能就把你给忘了。几个月后，你必须重新和它们认识。但这并不可怕，松鼠每天都准备着认识新朋友！它们从树上跳下来，以便更清楚地看到成年人、小孩子、小狗，甚至是装满树叶的袋子！

如果有一天你不再喂它们，松鼠会
稍微等一会儿，然后去另一个地方：
对于松鼠来说，
食物比友谊更重要。

松鼠一生都在跳跃。它们总是想找到食物，填满自己的仓库。但如果你给松鼠喂了太多食物，它可能会生病——这些小动物需要多运动。

松鼠不是很喜欢挪窝。

但必要的时候，能走很远的距离。

如果森林中没有了食物，松鼠会离开家去寻找。它们能跋涉数百千米，游过小河、湖泊甚至是海湾。

松鼠看起来头脑简单、

十分调皮，但必要时，它会

变得相当认真，并且目的明确。

松鼠能做很多事情。比如，它们可以在电视台工作——预测天气。它们预测得比人类还准确。仔细观察吧，松鼠可以教你预测天气。如果在阳光灿烂的冬日，松鼠却守在它的巢穴里——这意味着要下大雪，甚至是暴风雪；如果在严寒的天气里它突然愉快地跳起来——这意味着天气会越来越暖和。

 在树上跳跃的松鼠像闪电吗？

俄罗斯人的祖先斯拉夫人也这么认为，他们认为，松鼠的身上有掌管雷电的神。还有古代的斯堪的纳维亚人相信，松鼠在一棵巨大的树上奔跑（这棵树将天、地和地下的宫殿相连），传播谣言，导致混乱。在欧洲一些国家，松鼠被认为是贪婪的象征！

太不公平了，它们根本没那么坏。

日本人认为松鼠是耐心

和富有的象征。

为什么我们喜欢松鼠？

因为它们非常可爱、伶俐、好奇，

是森林真正的装饰品！

以我为榜样，
做个乐观者！

再见！森林里见！

动物园里的朋友们

本套书共三辑，每辑 10 册，共 30 册。明星作者以第一人称讲故事的形式，展现每个动物最与众不同、最神奇可爱的一面，介绍了每种动物的种类、生活环境、形态特征、生活习性等各方面。让孩子们足不出户也能了解新奇有趣的动物知识。

第一辑（共 10 册）

 我是企鹅
 我是狐狸
 我是刺猬
 我是老虎
 我是蝙蝠
 我是山羊

 我是松鼠
 我是狮子
 我是北极熊
 我是大熊猫

第二辑（共 10 册）

 我是海豚
 我是河马
 我是猫
 我是蛇
 我是长颈鹿
 我是驼鹿

 我是蚊子
 我是蝴蝶
 我是浣熊
 我是麝鼹

第三辑（共 10 册）

 我是小熊猫
 我是大象
 我是长尾猴
 我是斗牛犬
 我是考拉
 我是树懒

 我是袋熊
 我是蚂蚁
 我是老鼠
 我是臭鼬

图书在版编目（CIP）数据

　　动物园里的朋友们. 第一辑. 我是松鼠 /（俄罗斯）
叶·科列涅娃文；刘昱译. -- 南昌：江西美术出版社，
2020.11
　　ISBN 978-7-5480-7508-0

　　Ⅰ. ①动… Ⅱ. ①叶… ②刘… Ⅲ. ①动物－儿童读
物②松鼠－儿童读物 Ⅳ. ①Q95-49

　　中国版本图书馆CIP数据核字(2020)第070945号

版权合同登记号 14-2020-0158

Я белка
© Koreneva E., text, 2017
© Tsvetkova D., illustrations, 2017
© Publisher Georgy Gupalo, design, 2017
© OOO Alpina Publisher, 2018
The author of idea and project manager Georgy Gupalo
Simplified Chinese copyright © 2020 by Beijing Balala Culture Development Co., Ltd.
The simplified Chinese translation rights arranged through Rightol Media (本书中文简体版权经由锐拓
传媒旗下小锐取得Email:copyright@rightol.com)

出 品 人：周建森
企　　划：北京江美长风文化传播有限公司
策　　划：巴拉拉
责任编辑：楚天顺 朱鲁巍
特约编辑：石　颖 吴　迪 王　毅
美术编辑：童　磊 周伶俐
责任印制：谭　勋

动物园里的朋友们（第一辑）　我是松鼠
DONGWUYUAN LI DE PENGYOUMEN(DI YI JI)　WO SHI SONGSHU

［俄］叶·科列涅娃 /文　［俄］达·茨韦特科娃/图　刘昱/译

出　　版：江西美术出版社		印　　刷：北京宝丰印刷有限公司		
地　　址：江西省南昌市子安路 66 号		版　　次：2020 年 11 月第 1 版		
网　　址：www.jxfinearts.com		印　　次：2020 年 11 月第 1 次印刷		
电子信箱：jxms163@163.com		开　　本：889mm×1194mm 1/16		
电　　话：0791-86566274 010-82093785		总 印 张：20		
发　　行：010-64926438		ISBN 978-7-5480-7508-0		
邮　　编：330025		定　　价：168.00 元（全 10 册）		
经　　销：全国新华书店				

气味。松鼠咬开一颗松果需要5分钟。雅库特森林里生活着将近100万只松鼠。松鼠能跳3～4米高。

叶·科列涅娃

本书作者叶·科列涅娃是一名演员，在莫斯科生活和工作。她经常扮演虚构历史剧中的女性角色，还喜欢自己创作一些历史故事。她出演过60多部剧，已出版3本书。

作者谈松鼠：

"松鼠总是那么开心！它们一看见你就会开始表演：从一棵树跳到另一棵树上，踮着脚跳舞。它们很容易亲近，非常热情好客。松鼠是大家的好朋友，它们愿意和别人分享坚果。"

松鼠把坚果放进仓库之前，会用手掌擦一擦，留下自己的

目录

上架建议：科普绘本

ISBN 978-7-5480-7508-0

官方微信二维码

9 787548 075080 >

定价：168.00元（全10册）

兴盛乐
国兴文盛 乐在阅读

很强壮·很敏捷·很英勇

120 CM — — 120 CM

115 CM — — 115 CM

110 CM — — 110 CM

动物园里的朋友们
（第一辑）

我是狮子

［俄］安·马克西莫夫 / 文

［俄］玛·索苏尔 / 图

刘昱 / 译

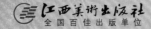
江西美术出版社
全国百佳出版单位